schnelle & effektive Rechentricks

SPECIAL EDITION

Anleitung zu extrem schnellem Kopfrechnen

Autor Anne Bauer
Koautor Armando Elle

Copyright © 2014 Anne Bauer

All rights reserved.

ISBN-10: 1503222152
ISBN-13: 978-1503222151

INHALT

Autoren

Vorwort 1

Addition und Subtraktion 7

    Addition 9

    Subtraktion 13

    Subtraktion von natürlichen 23
    Zehnerpotenzen

    Addition und Subtraktion von Brüchen 27

Multiplikation und Division 33

    Multiplikation mit 5 35

    Multiplikation sehr großer (mehrstelliger) 39
    Zahlen mit 5

    Multiplikation einer Zahl mit 11 45

    Multiplikation zweier zweistelliger Zahlen 55

Multiplikation beliebiger zweistelliger Zahlen (vedische Methode)	61
Multiplikation von Zahlen, die nahe einer Zehnerpotenz liegen	67
Multiplikation spezieller Zahlen	75
Quadrieren	79
Das Quadrat von zweistelligen Zahlen, die auf 5 enden	81
Das Quadrat von zweistelligen Zahlen	85
Erinnerungstechniken	89
Major-System	91
Major-System in Aktion	95
Major System und historische Daten	97
Nachwort	101
Notizen	103

AUTOREN

Anne Bauer ist freie Autorin/Lektorin und hat einen MA in den Fachrichtungen Anglistik/Amerikanistik, Angewandte Sprachwissenschaft und Philosophie. Die sportbegeisterte, sprachbegabte Deutsche spricht neben ihrer Muttersprache insgesamt 6 weitere Sprachen – 4 davon fließend. Nachdem sie einige Jahre nebenbei als Journalistin für verschiedene Zeitungen und Onlinemagazine gearbeitet hat, widmet sie sich seit 2013 vordergründig ihren eigenen Buchprojekten. Mehr Informationen über sie und ihre Buchprojekte gibt es auf ihrer Webseite: **www.annetopia.wordpress.com**.

Armando Elle ist Doktor der Medizin und hat zusätzlich einen Master in Business Administration. Der sprachbegabte und vielseitig interessierte Italiener lebt momentan abwechselnd in Turin und Mexiko Stadt und spricht neben seiner Muttersprache auch Spanisch, Englisch und Französisch fließend.

Die Autoren sind schon seit 2008 gute Freunde. 2013 haben sie sich zusammengetan, um Bücher zu schreiben, die von den verschiedenen Wissenshintergründen und Fähigkeiten beider profitieren. In ihren gemeinsamen Buchprojekten geht es den beiden besonders darum, günstige und mit sinnvollem Wissen gefüllte, leicht verständliche und gut zu lesende Bücher zu schreiben, die dem Leser sofort weiterhelfen.

VORWORT

Kopfrechnen ist eine von vielen Fähigkeiten die Schüler, Studenten und Erwachsene in unserer technisch versierten Zeit immer mehr verlieren. Wir haben Taschenrechner und umfassende Kalkulationsprogramme und heutzutage hat sogar jedes Handy einen kleinen Rechner integriert. So kann man jederzeit auf die Technik zurückgreifen und es ist nicht mehr notwendig mathematische Gleichungen im Kopf zu lösen. Dabei ist Kopfrechnen eine gute Übung, deren Nutzen weit über das bloße Ermitteln eines Ergebnisses hinausgeht.

Du wirst sehen, dass schnelles Kopfrechnen mit Rechentricks sehr aufregend sein kann und außerdem auch großen Eindruck macht. Du glaubst uns nicht? Hier ein kurzes Beispiel. Löse folgende Aufgabe im Kopf, ohne Taschenrechner oder sonstige Hilfsmittel:

65^2

Das ist gar nicht so einfach, oder? Mit einem Rechentrick kannst du diese Aufgabe aber sehr schnell und kinderleicht lösen.

Rechentrick:

Multipliziere die Zehner (in dem Fall also die **6**) mit sich selbst plus 1. Dann füge noch 25 (das ist das Quadrat der beiden Einerstellen 5) an die rechte Seite deines Ergebnisses hinzu.

1. Schritt:

65^2 oder **65** x **65** wird zu

6 x (**6**+1) = 6 x 7 = **42**

2. Schritt:

6**5** x 6**5** wird zu **5** x **5** = **25**

3. Schritt:

die Ergebnisse aus Schritt eins (**42**) und zwei (**25**) werden zusammengefügt zu **4225**

65^2 = **4225**

So schnell kann man die komplizierte Aufgabe 65^2 in einfache Teilaufgaben wie 6x(6+1) und 5x5 teilen und sie somit sehr leicht und schnell lösen. Mit dem gleichen Rechentrick kannst du das Quadrat jeder zweistelligen Zahl, die auf 5 endet, berechnen.

In diesem Buch zeigen und erklären wir dir diese und viele andere Techniken und erläutern dir auch, wie du sie nutzen kannst. Dabei haben wir uns die Rechentricks nicht selbst ausgedacht, sondern greifen auf Rechenregeln der sogenannten Vedischen Mathematik und auch auf Ideen einzelner Mathematiker wie z.B. Gauß zurück. Du wirst sehen, dass du durch Kopfrechnen in verschiedenen Bereichen, wie beispielsweise dem strategisch und kreativen Denken, oder dem Erinnerungsvermögen profitieren kannst.

Strategisches Denken:

Schnelles Kopfrechnen bedeutet vor allem, Strategien zu verwenden, die von den konventionellen Rechenwegen abweichen. Konventionell ist es zum Beispiel mit Stift und Papier und einigen mathematischen Grundregeln loszulegen. Bei dieser Herangehensweise entwickelst du keine eigenen Lösungsstrategien und somit erlernst du eine sehr mechanische Art zu rechnen und zu denken. Diese Denkweise wird meist während der gesamten Schul- und Ausbildungs- oder Universitätszeit beibehalten und beschränkt deine Denkweise dadurch. Mit dieser Art zu Denken kann man keinen einfachen kreativen Weg finden, um komplexe mathematische Probleme zu lösen.

Im Gegensatz dazu nutzt man aber beim schnellen Kopfrechnen durch Rechentricks bestimmte Strategien. Man muss hier die verschiedenen Wege erkennen, aussuchen, kombinieren und umsetzen können, um so schnell wie möglich auf das Ergebnis zu kommen. Wenn man also die Tricks des schnellen Rechnens nutzen will, lernt man, an Mathe mit einer Situationsanalyse heranzugehen und einen ‚Aktionsplan' aufzustellen. Das heißt, dass man erkennt, welche Technik zum Lösen der Aufgabe genutzt werden kann und diese dann umsetzt.

Kreativität:

Um eine komplexe Aufgabe in kleine Teilaufgaben zu zergliedern, benötigt man viel Kreativität. Zwei Personen können das gleiche Ergebnis in der gleichen Zeit errechnen, obwohl sie zwei komplett verschiedene Wege wählen.

Die Kreativität des Einzelnen spielt dabei eine wichtige Schlüsselrolle, wie die Geschichte von Johann Carl Friedrich Gauß gut verdeutlicht. Als der berühmte Mathematiker 8 Jahre alt war, ließ ihn sein Lehrer als Strafe alle Zahlen von 1 bis 100 addieren. Gauß begann nicht die Zahlen ganz normal zu addieren, also 1 + 2 + 3 + ... + 100, sondern stellte eine Hypothese auf. Er vermutete, dass die Zahlen von 1 bis 100 in 50 Paare aufgeteilt werden können und das die Summe der zwei Zahlen, die ein Paar ergeben, immer 101 ist (100+1, 99+2, 98+3...). Dadurch hat er in ein paar Sekunden geschlussfolgert, dass er lediglich 101 mit 50 multiplizieren muss um das Ergebnis (5050) zu erhalten.

Die Fähigkeit nach solch einer Lösung zu suchen und sie zu finden, hat einen Wert, der weit über das Berechnen des mathematischen Problems hinausgeht. Diese kreative Problemlösung stimuliert das Gehirn in einer außergewöhnlichen Weise und hilft auch scheinbar unlösbare Probleme im alltäglichen Leben kreativ zu lösen.

Geistige Beweglichkeit und Erinnerungsvermögen:

Die mentale Übung des Rechnens bewirkt im Gehirn, dass sich auch andere Hirnfunktionen wie beispielsweise das Erinnern positiv weiterentwickeln. Wenn eine komplexe mathematische Operation im Kopf berechnet werden soll, muss sie in viele kleine Teiloperationen heruntergebrochen werden. Die einzelnen Zwischenergebnisse müssen dann wieder richtig zusammengesetzt werden. Bei diesem Prozess ist es entscheidend, sich die Teilschritte und Zwischenergebnisse korrekt und auch in der richtigen

Reihenfolge merken zu können, um sie wieder richtig zusammenzusetzen und zum richtigen Ergebnis zu kommen. Dementsprechend nutzt man hier ganz strak das Erinnerungsvermögen und kann es somit auch trainieren.

Neugier:

Der Fakt, das schnelle Kopfrechenmethoden unkonventionell sind, macht sie extrem interessant. Während es schwer vorstellbar ist, dass man sich für die traditionellen Rechenmethoden begeistert, so kann man doch nachvollziehen, dass eine Gaußche Rechenlösung die Menschen neugierig macht – selbst wenn sie Mathe hassen.

Selbstvertrauen:

Viele geben die Mathematik schon in jungen Jahren auf und meinen, dass sie nicht gut in Mathe sind. Das ist in den meisten Fällen nicht einmal wahr. Oft steht die Mathenote nicht im Verhältnis zum IQ der jeweiligen Person. Das Problem ist, dass viele Menschen von Mathe eingeschüchtert sind und entscheiden, dass es für sie nichts Interessantes ist. Schnelles Kopfrechnen und Rechentricks können in solchen Situationen den Unterschied machen und wieder Selbstvertrauen bei denen aufbauen, die die Mathematik aufgegeben haben. Du wirst sehen, dass du mit diesen Tricks das Quadrat von dreistelligen Zahlen wie 825 in weniger als 10 Sekunden ausrechnen kannst. Das Quadrat von zweistelligen Zahlen wirst du sogar in noch kürzerer Zeit berechnen können. Denkst du nicht, dass die

Fähigkeit, das Quadrat von Zahlen wie 46, 71 oder 38 in weniger als 5 Sekunden ausrechnen zu können, dir Selbstvertrauen gibt.

Dies sind nur ein paar der positiven ‚Nebenwirkungen', die man durch das Kopfrechnen hervorrufen kann. Es ist ausgesprochen bedauerlich, dass Rechentricks und schnelle Kopfrechenmethoden trotz dieser eindeutig positiven Auswirkungen in der Schule nicht gelehrt werden und heutzutage viele Menschen die Fähigkeit des schnellen Kopfrechnens und somit auch die positiven Nebeneffekte verlieren. Viele Techniken wie Erinnerungstechniken und Rechentechniken werden unterschätzt. Dabei kann jeder mit ein bisschen Übung diese Techniken erlernen und wird in den verschiedensten Bereichen davon profitieren.

Dieses Buch zeigt dir, das tatsächliche Potential deines Gehirns, komplexe Rechenaufgaben mit einfachen aber effektiven Tricks schnell im Kopf zu lösen. Wenn du diese Techniken erlernst, wirst du mathematische Berechnungen im Kopf schneller lösen können, als viele andere Menschen. All das ohne einen Taschenrechner oder ein anderes Hilfsmittel zu benutzen. Ganz nebenbei wird sich vor allem dein Gehirn über die neue Aufgabe freuen und sich dadurch weiterentwickeln. Vielleicht entdeckst du ja sogar, dass dir Mathe liegt und es gar nicht so furchtbar ist, wie du gedacht hast.

Viel Spaß beim Lesen und Rechnen!

Anne & Armando

ADDITION UND SUBTRAKTION

Wir wollen dich nicht lange mit Theorie langweilen, müssen aber doch zumindest einige Grundbegriffe und Definitionen, die wir hier im Weiteren verwenden, kurz erklären. Wenn du sicher bist, dass du alle Fachbegriffe kennst, dann blättere einfach schon mal zum Kapitel Addition (Seite 9) vor. Für alle anderen hier eine kurze Begriffserklärung.

Addition: ist das Zusammenzählen zweier oder mehrerer Zahlen in der Form:

Summand + Summand = Summe

Subtraktion: ist das Abziehen einer oder mehrerer Zahlen von einer anderen Zahl in der Form:

Minuend − Subtrahend = Differenz

Das ist auch schon Alles, was du zu den verwendeten Grundbegriffen im nächsten Kapitel wissen musst.

ADDITION

Bei der Addition ist das Geheimnis zum schnellen Berechnen das Gleiche wie bei vielen anderen Rechenarten – man muss komplexe Aufgaben zerteilen und vereinfachen, um schnell und effektiv zum Ergebnis zu kommen.

So kann man die Aufgabe

42 + 79

zerlegen und umzuwandeln in

42 + 70 + 9

Tatsächlich brauchen viele Menschen diese Art der Umwandlung bei der Addition von zweistelligen Zahlen nicht durchzuführen. Sie können die Zahlen auch ohne dieses Zerlegen addieren. Wenn du zu diesen Menschen gehörst, gratulieren wir dir, weil dies bedeutet, dass du eine Neigung zur Mathematik hast und dadurch bessere Resultate erreichen kannst, als der Durchschnitt. Sobald sich allerdings die zu addierenden Zahlen vergrößern, ändert sich die Sache und viele Menschen bekommen Schwierigkeiten. In diesem Fall ist es von großem Vorteil, wenn man in der Lage ist die Aufgaben zu vereinfachen.

<u>Schauen wir uns ein Beispiel an:</u>

514 + 385

Bei dieser Aufgabe musst du theoretisch gleichzeitig mit allen 6 Ziffern rechnen. Es ist natürlich nicht unmöglich, aber je mehr Ziffern, desto höher auch die Fehlerquote, denn wenn man mit 6, 8 oder noch mehr Ziffern gleichzeitig rechnen soll, schleichen sich schnell Fehler ein und die Geschwindigkeit in der du die Aufgabe lösen kannst, nimmt stark ab. Um dies zu vermeiden, ist es sinnvoll die Aufgabe zu zerlegen und somit zu vereinfachen.

514 + 300 + 85

Durch diese einfache Umwandlung, wird die Aufgabe auf einen Schlag viel einfacher zu lösen, weil du jetzt nur 814+85 berechnen musst. Du hast die Hunderter durch diesen einen Schritt und durch die Berechnung des Teilergebnisses nun ‚eliminiert' und übrig bleiben nur noch 4 Ziffern, die addiert werden müssen.

Im Prinzip ist die jetzige Additionsaufgabe:

14 + 85

diese könnte man nun auch noch weiter vereinfachen zu

14 + 80 + 5 = 99

514 + 300 + 80 + 5 = 899

Aber ein Großteil braucht diese weitere Vereinfachung nicht, da es, wie wir eben schon feststellten, für die meisten Menschen kein Problem ist, zweistellige Zahlen zu addieren. Trotzdem ist es keine Schande vor allem am Anfang diese weitere Vereinfachung durchzuführen. Du wirst sehen, dass du dies nach ein wenig Übung nicht mehr brauchst.

Übungsaufgaben:

384 + 932 =

_____

_____

9842 + 6523 =

_____

_____

Das Zerlegen von Additionsaufgaben bedeutet auch nicht immer nur zu addieren. Manchmal kann es einfacher und schneller sein, zu subtrahieren.

Wenn du beispielsweise

798 + 463

berechnen sollst, erkennst du sicherlich sofort, dass 798 sehr nah bei 800 liegt.

Dadurch ist es sinnvoll die 798 in 800 − 2 zu zerlegen. So bekommst du dann

800 + 463 − 2 =

1263 − 2 = 1261

Durch das Zerlegen der 798 in 800−2 wird die Addition

sehr viel einfacher.

Keine Angst, wenn du den Eindruck hast, dass du bei dieser Aufgabe die ‚alte' Rechenmethode angewendet hättest und somit bei einer reinen Summenberechnung geblieben wärst. Dein Gehirn muss sich erst umstellen. Je öfter du solche Aufgaben übst, desto eher erkennt es diese Zusammenhänge und kann dann auch bei anderen Aufgaben auf den nächsten Zehner, Hunderter, Tausender usw. runden. Mit der Zeit wirst du merken, dass es dir immer leichter fällt, Aufgaben zu zerlegen und Muster zu erkennen. Das ist alles nur eine Sache der Übung.

Übungsaufgaben:

694 + 638 =

_____

_____

7698 + 5395 =

_____

_____

1285 + 3496 =

_____

_____

SUBTRAKTION

Für die Subtraktion verwendet man letztendlich dieselbe Methode wie für die Addition – man zerlegt und vereinfacht die Aufgabe. Aus irgendeinem Grund ist es für unser Gehirn schwieriger zu subtrahieren als zu addieren und die Mehrheit der Menschen findet somit subtrahieren schwerer als addieren, so dass es schon bei zweistelligen Zahlen sinnvoll ist, die Zahl weiter zu zerlegen.

Wenn man beispielsweise

84 – 33

berechnen soll, ist es einfacher

84 – 30 – 3

zu berechnen. Hier berechne ich erst 84–30=54 und dann subtrahiere ich noch die 3

54 – 3 = 51

Dass war noch relativ einfach und die Subtraktion kann sicher von jedem problemlos durchgeführt werden. Wie sieht es aber bei der nächsten Aufgabe aus?

74 – 48

wenn man diese Aufgabe wie eben zerlegt, erhält man

74 – 40 – 8

hier besteht sicher kein Problem bei der Berechnung 74-40

aber interessant wird es dann doch schon, wenn man letztendlich vom Teilergebnis (74–40=34) noch die 8 abziehen muss.

34 – 8

Das ist natürlich nicht unmöglich, aber man stolpert bei der Berechnung über den Fakt, dass die 8 größer ist als die 4. Dies erschwert die Berechnung schon ein wenig und kostet Zeit. Da stellt sich die Frage, ob es nicht eine bessere und schnellere Variante gibt. Tatsächlich gibt es sogar 2 bessere und schnellere Rechenwege um diese Art Aufgaben zu lösen, die wir dir im Folgenden zeigen.

1. Variante

74 – 48

Wenn wir uns die Aufgabe genau anschauen, sehen wir sofort, dass sich die 48 sehr gut zum nächsten Zehner aufrunden lässt. Das heißt die 48 ist nur 2 entfernt von 50.

1. Schritt:

den Subtrahenden zum **nächst größeren Zehner** aufrunden

48 + 2 = **50**

2. Schritt:

Umwandlung der Ausgangsaufgabe in die neue Aufgabe mit aufgerundetem **Subtrahenden**, wobei man die 2, die man zu der 48 addiert um auf **50** zu kommen, natürlich auch wieder in die Aufgabe mit eingliedert und addiert

74 – 48 wird zu

74 – **50** + 2

3. Schritt:

    die Differenz bilden

74 – **50** + 2 =

    24 + 2 =

4. Schritt:

    die Summe bilden

    24 + 2 = 26

Somit haben wir die Aufgabe in eine Subtraktion und eine Addition zerlegt und vor allem durch das Aufrunden zum nächsten Zehner eine extreme Vereinfachung der Berechnung erlangt. Nun gibt es aber auch noch eine 2. Variante, diese Aufgabe zu vereinfachen und zu lösen.

2. Variante

7**4** – 4**8**

1. Schritt:

    beide Zahlen auf die nächst kleinere Zehnerstelle abrunden

74 wird zu 70 übrig bleibt **4**

48 wird zu 40 übrig bleibt <u>8</u>

2. Schritt:

die Differenz der beiden Zehner bilden und somit das *erste Teilergebnis* berechnen

70 − 40 = *30*

3. Schritt:

die beiden übrig gebliebenen Zahlen (**4** und <u>8</u>) der Größe nach subtrahieren und somit das zweite Teilergebnis berechnen

<u>8</u> − **4** = 4

4. Schritt:

das zweite Teilergebnis vom *ersten Teilergebnis* abziehen und somit das Gesamtergebnis berechnen

30 − 4 = 26

Sicherlich benötigen viele gute Rechenkünstler diese beiden Varianten nicht unbedingt bei der Subtraktion zweier zweistelliger Zahlen. Nichtsdestotrotz ist es sinnvoll diese beiden Rechenmethoden kurz zu üben bevor du zu den dreistelligen Zahlen springst.

Übungen:

73 − 47 =

schnelle & effektive Rechentricks SPECIAL EDITION

1. Variante:

_____

_____

_____

_____

2. Variante:

_____

_____

_____

_____

$85 - 69 =$

1. Variante:

_____

_____

_____

_____

2. Variante:

_____

_____

_____

_____

Die tatsächliche Zeitersparnis, die wir durch diese Methoden des Zerlegens erreichen können, wird erst bei größeren Zahlen z.B. dreistelligen Zahlen ersichtlich. Verkomplizieren wir also alles ein bisschen, indem wir dreistellige Zahlen subtrahieren.

Beispiel:

716 − 342

die Zehnerstelle des Minuenden (16) ist kleiner als die des Subtrahenden (42). Wie wir schon wissen, macht das die Berechnung etwas komplizierter. Also versuchen wir mal gemeinsam die Aufgabe zu vereinfachen und wenden Schritt für Schritt die 1. Variante an.

1. Variante

716 − 342

1. Schritt:

den Subtrahenden zum **nächst größeren Hunderter** aufrunden

342 + 58 = **400**

2. Schritt:

Umwandlung der Ausgangsaufgabe in die neue Aufgabe mit **aufgerundetem Subtrahenden**, wobei man die 58, die man zu der 342 addiert um auf **400** zu kommen, natürlich auch wieder in die Aufgabe mit eingliedert und addiert

schnelle & effektive Rechentricks SPECIAL EDITION

716 − 342 wird zu

716 − **400** + 58

3. Schritt:

    die Differenz bilden

716 − **400** + 58 =

    316 + 58=

4. Schritt:

    die Summe bilden

    316 + 58= 374

Wie wir wissen, gibt es auch noch eine andere Möglichkeit diese Aufgabe zu vereinfachen. Wie in der 2. Variante schon gelernt, kann man beide Zahlen – also Minuend und Subtrahend – zur kleineren Hunderterstelle abrunden und dann die Differenz der beiden Zehnerstellen bilden und diese dann vom Teilergebnis abziehen.

2. Variante

716 − 342

1. Schritt:

    beide Zahlen auf die nächst kleinere Hunderterstelle abrunden

716 wird zu 700 übrig bleibt **16**

342 wird zu 300 übrig bleibt 42

2. Schritt:

die Differenz der beiden Hunderter bilden und somit das *erste Teilergebnis* berechnen

700 − 300 = *400*

3. Schritt:

die beiden übrig gebliebenen Zahlen der Zehnerstellen (**16** und 42) der Größe nach subtrahieren und somit das zweite Teilergebnis berechnen

42 − **16** = 26

4. Schritt:

das zweite Teilergebnis vom *ersten Teilergebnis* abziehen und somit das Gesamtergebnis berechnen

400 − 26 = 374

So, nun bist du dran diese beiden Varianten ein wenig zu üben, um sie zu verfestigen.

Übungsaufgaben:

647 − 325 =

1. Variante:

2. Variante:

$398 - 143 =$

1. Variante:

2. Variante:

$845 - 432 =$

1. Variante:

_____

_____

_____

_____

2. Variante:

_____

_____

_____

_____

SUBTRAKTION VON NATÜRLICHEN ZEHNERPOTENZEN

Auch die Subtraktion von natürlichen Zehnerpotenzen (10, 100, 1000 usw.) kann durch kleine Rechentricks einfacher und schneller gemacht werden, so dass man komplexe Aufgaben ohne Probleme durch Kopfrechnen lösen kann. Eine Vedische Regel zur Subtraktion lautet: Alles von 9 und die Letzte von 10. Das klingt erst einmal komisch, macht aber tatsächlich Sinn.

Beispiel:

10000 − 3452 =

1. Rechenschritt:

Alle von 9 und die <u>Letzte</u> von 10 − das heißt wir ziehen zuerst alle Ziffern des Subtrahenden **345**... von 9 ab außer der letzten Ziffer, also außer der <u>2</u> und setzen dann die jeweiligen Ergebnisse einfach in der bestehenden Reihenfolge zusammen.

10000 − **345**<u>2</u> = **654**...

$9 - 3 = 6$

$9 - 4 = 5$

$9 - 5 = 4$

2. Rechenschritt:

Alle von 9 und die _Letzte_ von 10 – wir müssen nun also nur noch die letzte Ziffer des Subtrahenden **345_2_** von 10 abziehen und das Ergebnis an das schon berechnete Teilergebnis anfügen.

10000 − **345_2_** = **654_8_**

10 − _2_ = _8_

Aufpassen: Sobald man einen Subtrahend hat, der aus weniger Zahlen besteht, als Nullen hinter der 1 beim Minuend vorhanden sind, muss man sich eine extra 0 hinzudenken und diese vor den Subtrahend setzen.

10000 − 293 =

der Minuend 10000 hat 4 Nullstellen; der Subtrahend 293 hat aber nur 3 Stellen und deswegen muss man eine _extra 0_ vor den Subtrahenden setzen

10000 − _0_29_3_ = _9_70_7_

9 − _0_ = _9_

9 − **2** = **7**

9 − **9** = **0**

10 − _3_ = _7_

noch ein Beispiel:

10000 − 45 =

wird zu

schnelle & effektive Rechentricks SPECIAL EDITION

$10000 - 004\underline{5} = 99 5\underline{5}$

$9 - 0 = 9$

$9 - 0 = 9$

$9 - \mathbf{4} = \mathbf{5}$

$10 - \underline{5} = \underline{5}$

Letztendlich kann man automatisch eine 9 an die erste Stelle des Ergebnisses setzen, sobald man erkennt, dass der Minuend mehr Stellen hinter der 1 hat als der Subtrahend.

Übungen:

$1000 - 74 =$

___

___

___

___

$1000 - 534 =$

___

___

___

___

$10000 - 56 =$

$100000 - 543 =$

ADDITION UND SUBTRAKTION VON BRÜCHEN

Die Rechenweise ist der unsrigen, die wir in der Schule lernen, sehr ähnlich und deswegen führen wir sie hier auch nur sehr kurz aus.

Begriffsdefinitionen:

Zähler: ist die Zahl über dem waagerechten Strich (Bruchstrich)

Nenner: ist die Zahl unter dem waagerechten Strich (Bruchstrich)

Bruchstrich: ist der waagerechte Strich, der Zähler und Nenner teilt

Additionsbeispiel:

$$\frac{2}{3} + \frac{1}{5} = \frac{...}{...}$$

zuerst berechnen wir den **Zähler**

1. Schritt:

kreuzweise Multiplizieren – d.h. der Zähler des ersten Bruches (**2**) wird mit dem Nenner des zweiten Bruches (**5**) multipliziert und der Zähler des zweiten Bruches (**1**) wird mit dem Nenner des ersten Bruches (*3*) multipliziert.

$$\underline{\frac{2}{3}} \times \underline{\frac{1}{5}} = \frac{...}{...}$$

2 x *5* = 10   **1** x *3* = 3

2. Schritt:

beide Teilergebnisse werden addiert und kommen in den **Zähler**

10 + 3 = **13**
           ...

nun berechnen wir noch den *Nenner*

1. Schritt:

der Nenner des ersten Bruches (*3*) wird mit dem Nenner des zweiten Bruches (*5*) multipliziert.

3 x *5* = *15*

2. Schritt:

Ergebnis wird als *Nenner* in das Gesamtergebnis eingefügt

$$\frac{2}{3} + \frac{1}{5} = \frac{\mathbf{13}}{15}$$

schnelle & effektive Rechentricks SPECIAL EDITION

Subtraktionsbeispiel:

$\frac{2}{3} - \frac{1}{5} = ...$

zuerst berechnen wir den **Zähler**

1. Schritt:

kreuzweise Multiplizieren – d.h. der Zähler des ersten Bruches (**2**) wird mit dem Nenner des zweiten Bruches (*5*) multipliziert und der Zähler des zweiten Bruches (**1**) wird mit dem Nenner des ersten Bruches (*3*) multipliziert.

$\frac{2}{3} \times \frac{1}{5} = ...$

2 x *5* = 10   **1** x *3* = 3

2. Schritt:

beide Teilergebnisse werden subtrahiert und kommen in den Zähler

10 − 3 = **7**

nun berechnen wir noch den *Nenner*

1. Schritt:

der Nenner des ersten Bruches (*3*) wird mit dem Nenner des zweiten Bruches (*5*) multipliziert.

3 x *5* = *15*

2. Schritt:

Ergebnis wird als *Nenner* in das Gesamtergebnis eingefügt

$$\frac{2}{3} - \frac{1}{5} = \frac{7}{15}$$

Übungen:

$$\frac{3}{7} + \frac{6}{8} =$$

_____

_____

_____

_____

_____

$$\frac{6}{5} - \frac{4}{8} =$$

_____

_____

_____

schnelle & effektive Rechentricks SPECIAL EDITION

MULTIPLIKATION UND DIVISION

Auch hier gibt es ein paar Begriffe, die wir in den weiteren Kapiteln nutzen und deswegen werden wir sie hier ganz kurz erläutern.

Multiplikation: das Malnehmen zweier oder mehrerer Zahlen in der Form:

Faktor x Faktor = Produkt

Division: das Teilen einer Zahl durch eine oder mehrere Zahlen in der Form:

Dividend : Divisor = Quotient

MULTIPLIKATION MIT 5

Beim Multiplizieren mit 5 zeigt sich wieder der Grundgedanke aller Rechentricks – das Vereinfachen einer Gleichung. In diesem Fall zerlegt man die 5 in ½ x 10 und kann somit die Gleichung vereinfachen. Dadurch wird aus 64x5 erst 64:2 und dann multipliziert man das Ergebnis noch mit 10 bzw. hängt an das Ergebnis einfach eine 0. Das liest sich wieder komplizierter, als es tatsächlich ist.

64 x 5

   die 5 wird zu

5 = ½ x 10 = 10 : 2

   somit wird die Aufgabe zu

64 x 10 : 2 = 64 : 2 x 10 = 320

Bei geraden Zahlen lässt sich diese Methode sehr einfach und ohne jegliche Probleme durchführen. Bei ungeraden Zahlen, funktioniert die Methode auch und es gibt zwei mögliche Lösungswege. Beim ersten muss man wissen, was man mit dem entstehenden Komma anfängt.

1. Lösungsweg für ungerade Zahlen

33 x 5

   kann umgeschrieben werden in

33 x **10** : **2**

oder auch

33 : **2** x **10**

zur Vereinfachung klammern wir die **10** als Faktor erst einmal aus und rechnen nur

33 : **2** = 16,50

das entstandene Komma löst sich nun ganz schnell in Luft auf, wenn wir die eben ausgeklammerte **10** wieder mit zur Berechnung nehmen. Denn dann wird keine 0 an das Ergebnis angehangen, sondern das Komma um eine Stelle nach rechts verschoben.

16,5 x **10** = 165,0 = 165

Wer es vorzieht, sich keine Gedanken um das Komma machen zu müssen, kann die Gleichung auch ganz einfach umstellen.

2. Lösungsweg für ungerade Zahlen

Bei diesem Lösungsweg multipliziert man erst die ungerade Zahl mit der **10** und erhält so eine gerade Zahl als Ergebnis, das sich dann immer ohne Kommastelle durch **2** teilen lässt.

33 x **10** : **2**

hier klammern wir die **2** erst einmal aus und berechnen

schnelle & effektive Rechentricks SPECIAL EDITION

33 x **10** = 330

diese gerade Zahl teilen wir nun noch durch die vorher ausgeklammerte **2**

330 : **2** = 165

Übungen:

63 x 5 =

_____

_____

_____

_____

23 x 5 =

_____

_____

_____

_____

82 x 5 =

_____

_____

49 x 5 =

MULTIPLIKATION SEHR GROßER (MEHRSTELLIGER) ZAHLEN MIT 5

Was passiert nun, wenn man nicht nur zweistellige Zahlen mit 5 multiplizieren soll? Was, wenn man z.B. eine sechsstellige Zahl mit 5 multiplizieren muss? Es ist eigentlich ganz einfach, denn man führt exakt die gleiche Rechenoperation durch, wie im eben erlernten Trick.

Hier ein Beispiel:

647282 x 5 =

647282 : 2 x 10

Ob du nun erst durch 2 dividierst oder mit 10 multiplizierst, ist dir überlassen. Wichtig ist nur, dass du dir zum vereinfachen der Rechnung die sechsstellige Zahl in kleinere Blöcke teilst.

647282 wird zu 64 / 72 / 82, jetzt kannst du, wie gewohnt durch 2 teilen

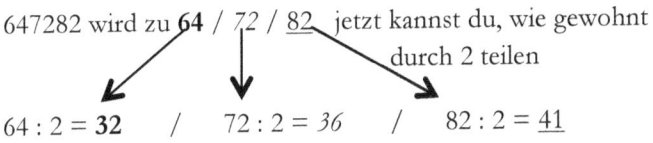

64 : 2 = **32**   /   72 : 2 = *36*   /   82 : 2 = 41

und fügst nun die jeweiligen Ergebnisse wieder in ihrer Reihenfolge zusammen

32 / *36* / 41 wird zu **32***3*641

und das multiplizierst du nun mit 10

323641 x 10 = 3236410

Wenn die mehrstellige Zahl nun aber keine gerade Zahl ist und auch die kleinen Blöcke, in die wir sie einteilen, keine geraden Zahlen ergeben, wird die Berechnung ein kleines bisschen komplizierter.

534799 x 5 =

534799 : 2 x 10 =

534799 wird zu **53** / *47* / 99

53 : 2 = **26,5** / 47 : 2 = *23,5* / 99 : 2 = 49,5

Hier müssen wir beim Zusammenfügen die Kommastellen beachten. Die Zahl hinter dem Komma muss jeweils mit der Zehnerstelle der nachfolgenden Zahl addiert werden. Außer der letzten Kommastelle – die bleibt bestehen und löst sich erst dann auf, wenn wir das entstandene Ergebnis mit 10 multiplizieren.

26,5

_ _ *23,5*

_ _ _ _ 49,5

wir fangen mit dem Zusammensetzen des Ergebnisses von hinten an und erhalten somit:

_ _ _ _ 49,5

nun müssen wir die ‚5 des vorherigen Zahlenblocks zu der 4 hinzufügen – das bedeutet nichts anderes, als die 4 mit 5 zu addieren

schnelle & effektive Rechentricks SPECIAL EDITION

_ _ _ _,5

_ _ _ _49,5   (4+5) = 9

_ _ _ _99,5

nun fügen wir nur den Rest der Zahl an, indem wir sie einfach vor unser Ergebnis stellen

_ _ 23,5

_ _ 2399,5

nach diesem Schema fügen wir nun auch den letzten Block Zahlen hinzu – also zu erst die ,5 und dann den Rest

_ _,5

_ _ 2399,5   (2+5) = 7

_ _ 7399,5

26,5

267399,5

das Ergebnis multiplizieren wir noch mit 10 und somit verschiebt sich das Komma um eine Stelle nach rechts und wir erhalten 2673995

267399,5 x 10 = 2673995   534799 x 5 = 2673995

Diese Methode ist natürlich bei jeder mehrstelligen Zahl, die mit 5 multipliziert werden soll, durchführbar. Sie ist nicht auf sechsstellige Zahlen beschränkt.

Übungen:

3456 x 5 =

418296 x 5 =

873244 x 5 =

schnelle & effektive Rechentricks SPECIAL EDITION

2134652 x 5 =

MULTIPLIKATION EINER ZAHL MIT 11

Um jede zweistellige Zahl schnell im Kopf mit 11 zu multiplizieren gibt es einen simplen Trick: Multipliziere die Zahl mit 10 und addiere zu dem Teilergebnis noch einmal die Ausgangszahl.

34 x 11 = (34 x 10) + 34 = 340 + 34 = 374

Möglicherweise kanntest du diese Methode schon. Es gibt aber auch noch eine andere Methode. Sie funktioniert wie folgt:

Es ist klar, dass wenn man 2 zweistellig Zahlen miteinander multipliziert, das Ergebnis eine dreistellige Zahl ist. Wenn du nun eine beliebige zweistellige Zahl mit 11 multiplizierst, brauchst du nur den **Wert der Zehnerstelle** (also der **linke Zahlenwert**) der Ausgangszahl zu nehmen und ihn als Wert der Hunderterstelle (wieder auf die **linke Seite**) beim Ergebnis einsetzen. Den Wert der Einerstelle (die rechte Zahl) der Ausgangszahl übernimmst du genauso und setzt ihn als Wert der Einerstelle (wieder auf die rechte Seite) des Ergebnisses ein. Jetzt fehlt dir nur noch die Zehnerstelle (*Zahl in der Mitte*) des Ergebnisses und die bildest du, indem du den **Wert der Zehnerstelle** (der Ausgangszahl) plus den Wert der Einerstelle (der Ausgangszahl) addierst. Das liest sich komplizierter als es ist. Hier ein Zahlenbeispiel mit dem man es einfacher zeigen kann.

2**3** x 11

    du nimmst also die **2** (Zehnerstelle) von der **23** und fügst sie als **2** in die Hunderterstelle (**linke Zahl**) des Ergebnisses ein – somit hast du nun

2**3** x 11 = **2**...

    dann nimmst du die 3 (Einerstelle) von der 2**3** und fügst sie als 3 in die Einerstelle des Ergebnisses (rechte Zahl) ein – somit hast du nun

2**3** x 11 = **2**...3

    jetzt brauchst du nur noch die *Zahl in der Mitte* – also die Zehnerstelle deines Ergebnisses und diese berechnest du indem du **2** + 3 addierst = *5*

so kommst du zu

2**3** x 11 = **2**_5_3

Hier kannst du sehen, dass der **linke Zahlenwert** der Ausgangszahl (Zehnerstelle) auch wieder der **linke Zahlenwert** des Ergebnisses ist. Der rechte Zahlenwert der Ausgangszahl (Einerstelle) wird der rechte Zahlenwert des Ergebnisses. Die *Zahl in der Mitte* (Zehnerstelle) ergibt sich aus der Summe des linken und rechten Zahlenwertes.

Übungen:

27 x 11 =

schnelle & effektive Rechentricks SPECIAL EDITION

---

34 x 11 =

---

90 x 11 =

---

43 x 11 =

Diese Methode funktioniert bei jedem Vielfachen von 11. Es gibt nur eine einzige Komplikation – sobald die Summe des linken und rechten Zahlenwertes größer oder gleich 10 ist. In diesem Fall übernimmst du nur die Einerstelle (rechter Zahlenwert) der Summe und stellst ihn in die Mitte des Ergebnisses. Die Zehnerstelle (linker Zahlenwert) der Summe addierst du dann mit der Hunderterstelle (linker Zahlenwert) der Ausgangszahl. Auch hier, ist es einfacher ein Beispiel zu zeigen, als es wörtlich erklären zu wollen.

7_8_ x 11

7_8_ x 11 = 7...

7_8_ x 11 = 7..._8_

7 + _8_ = 1_5_   7_8_ x 11 = (7+1)_5__8_ = 85_8_

Wie du siehst, nimmst du die Zehnerstelle der Summe – hier 1 – einfach als Zahlenwert und addierst ihn mit der Hunderterstelle des Ergebnisses – hier 7.

Versuch es mit den folgenden Übungen:

66 x 11 =

_____

_____

_____

74 x 11 =

_____

_____

_____

87 x 11 =

_____

_____

_____

schnelle & effektive Rechentricks SPECIAL EDITION

65 x 11 =

_____

_____

_____

39 x 11 =

_____

_____

_____

Mit dieser Basisberechnung kannst du nun auch andere Multiplikationsaufgaben einfacher lösen, wie zum Beispiel die Multiplikation mit 12 (du multiplizierst die Zahl mit 11 und addierst noch einmal den Ausgangszahlenwert), oder die Multiplikation mit 22 (multiplizierst die Zahl mit 11 und das Ergebnis multiplizierst du mit 2).

zum Beispiel:

63 x 12 =   6<u>3</u> x 11 = 6<u>9</u>3 + 63 = 756

52 x 22 =   5<u>2</u> x 11 = 57<u>2</u> x 2 = 1144

Diesen Rechentrick kannst du auch bei Zahlen anwenden, die mehr als zweistellig sind.

425 x 11 = 4.675

Siehst du schon, wie es funktioniert?

Wie du sicherlich schon gemerkt hast, kannst du die Regeln der vorangegangenen Berechnung übernehmen. Das heißt die **Hunderterstelle (linker Zahlenwert)** der Ausgangszahl wird die **Tausenderstelle (linker Zahlenwert)** des Ergebnisses. Ebenso wird die Einerstelle (der rechte Zahlenwert) der Ausgangszahl die Einerstelle (rechter Zahlenwert) des Ergebnisses.

Die beiden Zahlenwerte in der Mitte setzen sich nun wie folgt zusammen. Der vordere Zahlenwert des Ergebnisses (die Hunderterstelle) ist die Summe der beiden vorderen Zahlenwerte der Ausgangszahl – in dem Fall **4+2=6**. Der hintere Zahlenwert des Ergebnisses (die Zehnerstelle) ist die Summe der beiden hinteren Zahlenwerte der Ausgangszahl – in dem Fall 2+5=7.

42<u>5</u> x 11 =

42<u>5</u> x 11 = **4**...<u>5</u>

4 + 2 = *6*   42<u>5</u> x 11 = **4**6...<u>5</u>

2 + <u>5</u> = 7   42<u>5</u> x 11 = 46 7<u>5</u>

Übungen:

326 x 11 =

_____

_____

_____

514 x 11 =

_____

431 x 11 =

632 x 11 =

726 x 11 =

Hier gilt das Gleiche, wie in den vorherigen Aufgaben: wenn die Summen der beiden Zahlen (für die beiden mittleren Zahlenwerte des Ergebnisses) größer, oder gleich 10 sind, musst du zur jeweils rechts liegenden Zahl 1 addieren.

Hier ein Beispiel:

4 7 5 x 11 = **4**...5

 7+5 = 12 = **4**..2 5 (+1)

4+7 = *11* +1 = 1*2* = **4**2*2*5 (+1)

$$= 4 \pm 1 \quad = 5225$$

Übungen:

385 x 11 =

467 x 11 =

673 x 11 =

849 x 11 =

schnelle & effektive Rechentricks SPECIAL EDITION

763 x 11 =

MULTIPLIKATION ZWEIER ZWEISTELLIGER ZAHLEN

Du weißt nun schon, dass das große Geheimnis und der Schlüssel zum schnellen Kopfrechnen darin liegt, die Aufgaben in Teilaufgaben runter zu brechen und zu vereinfachen. Um 2 zweistellige Zahlen zu multiplizieren, kann man 3 verschiedene Methoden nutzen.

Erste Methode:

Wandle die Gleichung in eine einfacher zu berechnende Gleichung durch das Zerlegen eines Faktors um.

73 x **57**

Hier ist es einfacher den **rechten Faktor** in **50** und **7** zu zerlegen. So bekommt man (73x**50**)+(73x**7**). Man kann natürlich auch den linken Faktor zerlegen und bekommt dann (70x57)+(3x57). In beiden Fällen ist die entstandene Gleichung einfacher, da man nun (durch die 0 in der Einerstelle) nicht 2 zweistellige Zahlen, sondern eine zweistellige und eine einstellige Zahl multipliziert. So wird aus 73x**50** die Gleichung 73x**5** und man hängt die **0** dann einfach wieder ans Ergebnis an.

73 x **57** =   wird zu

(73 x **50**)+ (73 x **7**) =

1. Schritt:

50 zu einer 5 vereinfachen (die **0** merken) und 73 x 5 berechnen

(73 x **5**) = 365

2. Schritt :

die gemerkte **0** anhängen

= 365**0**

3. Schritt:

73 x **7** berechnen

(73 x **7**) = 511

4. Schritt:

beide Teilergebnisse addieren

3650 + 511 = 4161

Übungen:

74 x 34 =

---

53 x 37 =

---

24 x 62 =

Zweite Methode:

Wandle die Gleichung in eine einfacher zu berechnende Gleichung durch Aufrunden um.

24 x **69**

Bei dieser Gleichung könnte man natürlich das eben gelernte Vereinfachungsverfahren durchführen und die Aufgabe in 20x69+4x69 zerteilen. Effizienter wäre es aber, den **rechten Faktor (69)** zum nächst höheren Zehner **(70)** aufzurunden und die Gleichung somit zu vereinfachen. Man erhält dadurch 24x**70**–24.

24 x **69** =   wird zu

24 x **70** – 24 =

1. Schritt:

Multiplikation lösen (man löst hier natürlich 24x**7** und setzt die **0** dann einfach an das Ergebnis ran)

24 x **70** = 1680

2. Schritt:

die 24 vom Teilergebnis abziehen

1680 − 24 = 1656

Diese Methode macht immer dann Sinn, wenn man Einerstellen mit den Zahlenwerten 8 oder 9 hat, d.h. wenn einer der beiden Faktoren nah an der jeweiligen höheren Zehnerstelle liegt. Wenn die zu lösende Aufgabe 24x68 ist, berechne ich das Ergebnis ebenfalls mit dieser Methode.

24 x 68 =   wird zu

24 x **70** − 24 x 2 = 1680 − 48 = 1632

Nutze die folgenden Aufgaben zum Üben:

32 x 69 =

_____

_____

54 x 38 =

_____

_____

62 x 89 =

_____

_____

schnelle & effektive Rechentricks SPECIAL EDITION

Dritte Methode:

Wandle die Gleichung in eine einfacher zu berechnende Gleichung durch Abrunden um.

36 x **61**

Bei dieser Gleichung würde ich den **rechten Faktor (61)** auf den nächst niedrigeren Zehner **(60)** abrunden und die Gleichung somit vereinfachen. Man erhält dadurch 36x**60**+36.

36 x 61 =   wird zu

36 x **60** + 36 =

1. Schritt:

Multiplikation lösen (man löst hier natürlich 36x**6** und setzt die **0** dann einfach an das Ergebnis ran)

36 x **60** = 2160

2. Schritt:

die 36 zum Teilergebnis addieren

2160 + 36 = 2196

Diese Methode macht immer dann Sinn, wenn man Einerstellen mit den Zahlenwerten 2 oder 1 hat, d.h. wenn einer der beiden Faktoren nah an der jeweiligen niedrigeren Zehnerstelle liegt.

Übungen:

32 x 67 =

___

___

74 x 91 =

___

___

56 x 42 =

___

___

Außer dieser 3 Vereinfachungsmethoden gibt es auch noch eine vedische Methode, um zwei beliebige zweistellige Zahlen zu multiplizieren. Im nächsten Kapitel zeigen wir dir, wie das genau funktioniert.

MULTIPLIKATION BELIEBIGER ZWEISTELLIGER ZAHLEN (VEDISCHE METHODE)

Beliebige zweistellige Zahlen können auch mit der vedischen Methode multipliziert werden. Dazu muss man lediglich die Regel ‚vertikal und kreuzweise' anwenden und wenn man das System einmal verstanden hat, kann man damit sehr schnell und effektiv zweistellige Zahlen multiplizieren. Bei der vedischen Multiplikation werden die beiden Faktoren, die multipliziert werden sollen, untereinander geschrieben, um dann die einzelnen Ziffern kreuzweise und vertikal zu multiplizieren und zu addieren. Die Methode lässt sich besser an einem Beispiel veranschaulichen.

Beispiel:

23 x 46

1. Schritt:

beide Faktoren werden untereinander geschrieben, so dass die Zehnerstellen und die Einerstellen beider Faktoren exakt untereinander stehen

2   3
 x
4   6

2. Schritt:

wir multiplizieren vertikal, d.h. wir multiplizieren die beiden **Zehnerstellen** und dann die beiden Einerstellen der Faktoren

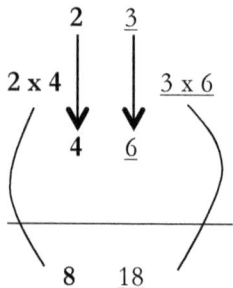

3. Schritt:

wir multiplizieren kreuzweise und addieren die Teilergebnisse, d.h. wir multiplizieren die **Zehnerstelle des ersten Faktors** (**2**) mit der Einerstelle des zweiten Faktors (6) und addieren dieses Teilergebnis mit dem Produkt aus der Multiplikation der **Zehnerstelle des zweiten Faktors** (**4**) mit der Einerstelle des zweiten Faktors (3)

2   3

   ⨯   (**2** x 6) + (**4** x 3) = 12 + 12 = *24*

4   6

―――――――

8   18
   24

schnelle & effektive Rechentricks SPECIAL EDITION

Jetzt haben wir im Grunde schon unser Ergebnis (**8** *24* <u>18</u>) und müssen es nur noch angleichen, also in die normale Form der **Hunderter** *Zehner* <u>Einer</u> Zahl bringen. Das heißt, dass die Einerstelle die <u>18</u> nur aus einer Ziffer bestehen darf und wir somit nur die <u>8</u> übernehmen können. Dadurch rutscht die *1* der *18* in den Bereich der Zehnerstelle und muss deswegen mit der *24* addiert werden. Damit haben wir nun eine *25* an der Zehnerstelle und sehen uns mit dem gleichen Problem wie eben konfrontiert. Es darf nur eine Ziffer an der Zehnerstelle stehen. Wir übernehmen also die *5* aus der *25* und schieben die **2** zu unserer Hunderterstelle. Damit müssen wir die **8** unserer Hunderterstelle mit der **2** addieren und erhalten **10**. Da wir keine weiteren Stellen haben, kann diese **10** so stehen bleiben und wir haben unser Endergebnis von **10***5*<u>8</u>.

2   <u>3</u>
   x
4   <u>6</u>

---

8   24   <u>18</u>   <u>Einerstelle</u> = <u>8</u> mit Rest 1

8   *24*   <u>8</u>   (1+*24* = 25)

8   *25*   <u>8</u>   *Zehnerstelle* = *5* mit Rest 2

8   *5*   <u>8</u>   (2+**8** = **10**)

10   *5*   <u>8</u>   Hunderterstelle ist **10**

= **10***5*<u>8</u>

noch ein Beispiel zum Veranschaulichen:

63 x 76

1. Schritt:

    untereinander

6   <u>3</u>

  x

7   <u>6</u>

2. Schritt:

    vertikal

    6   <u>3</u>

6 x 7 x   <u>3 x 6</u>

    7   <u>6</u>

──────────────

    42 <u>18</u>

3. Schritt:

    kreuzweise

6   <u>3</u>

    x   (**6** x <u>6</u>) + (**7** x <u>3</u>) = 36 + 21 = *57*

7   <u>6</u>

──────────────

42 *57* <u>18</u>

schnelle & effektive Rechentricks SPECIAL EDITION

42 *57* 18   Einerstelle = 8 mit Rest 1

42 *57* 8   (1+*57* = 5*8*)

42 *58* 8   *Zehnerstelle* = *8* mit Rest 5

42 *8* 8   (5+**42** = **47**)

47 *8* 8   Hundertstelle ist **47**

= **47**8*8*

Übungsaufgaben:

73 x 36 =

43 x 88 =

---

66 x 23 =

MULTIPLIKATION VON ZAHLEN, DIE NAHE EINER ZEHNERPOTENZ LIEGEN

Diese Methode nutzt man, um Zahlen zu multiplizieren, die knapp unter oder über 10, 100 oder 1000 liegen. Man schreibt die beiden zu multiplizierenden Zahlen nebeneinander auf und berechnet wie viel man von 10, 100 oder 1000 abziehen muss, um auf den jeweiligen Faktor zu kommen. Das Ergebnis notiert man unter dem jeweiligen Ausgangsfaktor. Danach zieht man entweder das Ergebnis der Differenz aus dem rechten Faktor von dem linken Faktor ab oder genau umgekehrt, das Ergebnis der Differenz aus dem linken Faktor von dem rechten Faktor ab. Das Ergebnis aus dieser Subtraktion ist der erste Teil des Gesamtergebnisses. Jetzt muss man nur noch die beiden Differenzen (die unter den Faktoren stehen) multiplizieren und hat somit den zweiten Teil des Ergebnisses.

Beispiel:

100

97 x 99 =   beide Faktoren sind sehr nah bei 100

1. Rechenschritt:

berechne wie viel man von 100 abziehen muss, um auf 97 und 99 zu kommen und schreibe das Ergebnis unter die jeweilige Zahl

97 x 99 =

100 − 3 = 97   100 − 1 = 99

   −3   −1

2. Rechenschritt:

ziehe entweder die rechte Zahl vom linken Faktor, oder die **linke Zahl** vom rechten Faktor ab und schreibe das Ergebnis als erstes *Teilergebnis* auf

97 x 99 = *96*

97 − 1 = *96*   99 − **3** = *96*

   −3   −1

3. Rechenschritt:

schreibe zwei Nullen hinter das *Teilergebnis*

97 x 99 = *96*00

4. Rechenschritt:

multipliziere die unteren beiden Zahlen

97 x 99 = *96*00

−3 x −1 = 3

5. Rechenschritt:

addiere das eben errechnete Ergebnis der Multiplikation mit dem *Gesamt*ergebnis

schnelle & effektive Rechentricks SPECIAL EDITION

97 x 99 = *9600* = *9603*

9600 + *3* = *9603*

So kannst du mit 5 Rechenschritten die Multiplikation von 97x99 berechnen.

Lass uns noch ein weiteres Beispiel zusammen machen. Dieses Mal mit zwei Faktoren kurz über 100.

100

103 x 110

1. Rechenschritt:

berechne wie viel man zu 100 addieren muss, um auf 103 und 110 zu kommen und schreibe das Ergebnis unter die jeweilige Zahl

103 x 110 =

100 + 3 = 103   100 + 10 = 110

+3   +10

2. Rechenschritt:

da wir jetzt positive Zahlen haben, müssen wir entweder die rechte Zahl mit dem linken Faktor oder die **linke Zahl** mit dem rechten Faktor addieren und können dann das erste *Teilergebnis* aufschreiben

103 x <u>110</u> = *113*

103 + <u>10</u> = *113*   <u>110</u> + **3** = *113*

+3 <u>+10</u>

3. Rechenschritt:

schreibe zwei Nullen hinter das *Teilergebnis*

103 x 110 = *113*00

4. Rechenschritt:

multipliziere die unteren beiden Zahlen

103 x 110 = *113*00

+3 x <u>+10</u> = <u>30</u>

5. Rechenschritt:

addiere das eben errechnete Ergebnis der Multiplikation mit dem *Gesamt*ergebnis

103 x 110 = *113*00 = *1133<u>0</u>*

*113*00 + <u>30</u> = *1133<u>0</u>*

Diese Rechenmethode funktioniert auch dann, wenn ein Faktor über und der andere unter 100 ist.

Beispiel:

86 x 105

schnelle & effektive Rechentricks SPECIAL EDITION

1. Rechenschritt:

berechne wie viel man von 100 abziehen muss, um auf 86 zu kommen und wie viel man zu 100 addieren muss, um 105 zu erreichen und schreibe das Ergebnis unter die jeweilige Zahl

$$86 \times \underline{105} =$$

100 − 14 = 86 $\underline{100 + 5 = 105}$

−14 $\underline{+5}$

2. Rechenschritt:

jetzt addierst du entweder die <u>rechte Zahl</u> mit dem linken Faktor, oder subtrahierst die **linke Zahl** vom rechten Faktor und schon hast du das erste *Teilergebnis*

$$86 \times \underline{105} = \mathit{91}$$

86 $\underline{+ 5} = \mathit{91}$ $\underline{105} - \mathbf{14} = \mathit{91}$

−14 $\underline{+5}$

3. Rechenschritt:

schreibe zwei Nullen hinter das *Teilergebnis*

86 × 105 = *91*00

4. Rechenschritt:

multipliziere die unteren beiden Zahlen

86 × 105 = *91*00

−14 x +5 = −70

5. Rechenschritt:

da das eben errechnete Ergebnis der Multiplikation negativ ist, musst du es einfach vom *Gesamt*ergebnis abziehen.

86 x 105 = *91*00 = 90<u>3</u>0

*91*00 − 70 = 90<u>3</u>0

Übungsaufgaben

84 x 93 =

_____

_____

_____

_____

103 x 120 =

_____

_____

_____

schnelle & effektive Rechentricks SPECIAL EDITION

88 x 104 =

MULTIPLIKATION SPEZIELLER ZAHLEN

Wenn bei einer Multiplikationsaufgabe die erste Ziffer der beiden Faktoren gleich ist und die letzte Ziffer der beiden Faktoren addiert 10 ergibt, gibt es einen super Rechentrick, um die Aufgabe zu lösen. Man multipliziert erst die beiden **gleichen vorderen Ziffern** der Faktoren, wobei man eine der Ziffern um 1 erhöht. Danach multipliziert man die letzten Ziffern.

Beispiel:

8<u>3</u> x 8<u>7</u>

Check: 8... x 8...   **gleiche Ziffern**

   <u>3</u> + <u>7</u> = 10   Ziffern ergeben 10

1. Rechenschritt:

Zehnerstellen (gleiche vordere Ziffern) werden multipliziert und eine wird um 1 größer gemacht.

8 x 8(+1) =

8 x **9 = 72**

2. Rechenschritt:

Einer (letzten Ziffern, die gemeinsam 10 ergeben) multiplizieren

$\underline{3} \times \underline{7} = \underline{21}$

3. Rechenschritt:

beide Ergebnisse zusammensetzen

8 x 9 = 72

$\underline{3} \times \underline{7} = \underline{21}$

8$\underline{3}$ x 8$\underline{7}$ = **72**$\underline{21}$

ACHTUNG: Wenn man bei der Multiplikation der Einer (letzten Ziffern, die addiert 10 ergeben) ein einstelliges Ergebnis bekommt, muss man eine 0 vor das Ergebnis setzen.

Beispiel:

9$\underline{1}$ x 9$\underline{9}$ =

9 x 9(+1) = **90**

$\underline{1} \times \underline{9} = \underline{9} = \underline{09}$

9$\underline{1}$ x 9$\underline{9}$ = **90**$\underline{09}$

Übungsaufgaben:

23 x 27 =

---

41 x 49 =

67 x 63 =

QUADRIEREN

Wenn man das Quadrat einer Zahl bildet, bedeutet das nichts anderes, als das man die Zahl mit sich selbst multipliziert. Man könnte es also letztendlich als eine spezielle Art der Multiplikation verstehen, bei dem die beiden zu multiplizierenden Faktoren gleich sind.

Im Folgenden zeigen wir dir, wie du sehr schnell und effektiv das Quadrat einer Zahl bilden kannst.

DAS QUADRAT VON ZWEISTELLIGEN ZAHLEN, DIE AUF 5 ENDEN

Was muss man nun machen, um das Quadrat einer zweistelligen Zahl, die auf 5 endet, zu bilden? Als erstes zerlegt man die Ausgangszahl in zwei Teile – in den Zahlenwert der Zehnerstelle und den Zahlenwert der Einerstelle. Den Zahlenwert der Zehnerstelle multipliziert man dann mit der Summe aus dem Zahlenwert selbst plus 1.

Wie immer lässt es sich besser direkt am Beispiel erklären.

Beispiel:

85² wird zu

$8 \times (8+1) = 72$

85² = 72...

Als zweites nimmt man nun noch den Zahlenwert der Einerstelle und multipliziert ihn mit sich selbst.

$5 \times 5 = 25$

Nun muss man nur beide Ergebnisse aneinanderfügen und hat das Quadrat der zweistelligen Zahl.

85² = 7225

hier noch ein Beispiel mit dem Quadrat von 75:

75̲² =

    7 x (7+1) = 56

75̲² = 56...

    5̲ x 5̲ = 25̲

75̲² = 5625̲

Bei allen zweistelligen Zahlen, die auf 5 enden, kannst du dann natürlich den zweiten Schritt weglassen, da du ja das Ergebnis – 25 – schon kennst. Am Ende multiplizierst du also nur den Zahlenwert der Zehnerstelle mit sich selbst plus 1. So wird eine komplizierte Quadratzahlenberechnung zu einer einfachen Rechenaufgabe des Einmaleins.

Übungen:

$15^2 =$

_____

_____

$25^2 =$

_____

_____

schnelle & effektive Rechentricks SPECIAL EDITION

$65^2 =$

_____

_____

Um das Quadrat von dreistelligen Zahlen, die auf 5 enden, zu berechnen, führt man die gleichen Rechenschritte durch, nur das man hier nun zwei zweistellig Zahlen multipliziert und dann die 25 hinten an das Ergebnis anhängt.

Beispiel:

22<u>5</u>^{2} =

22 x (22+1) = 506

<u>5</u> x <u>5</u> = <u>25</u>

22<u>5</u>^{2} = 506<u>25</u>

Problematisch ist hier nur, dass du eine Multiplikation von 2 zweistelligen Zahlen durchführen musst. Der Rest der Berechnung, bleibt exakt gleich. Im Kapitel zur Multiplikation zweier zweistelliger Zahlen (Seite 55) hast du aber schon ein paar Tricks erlernt, die diese Berechnung vereinfachen.

DAS QUADRAT VON ZWEISTELLIGEN ZAHLEN

In der Schule wird folgende Methode gelehrt:

$(a + b)^2 = a^2 + 2ab + b^2$

Diese Methode ist unsere Ausgangsmethode, die wir im Folgenden vereinfachen. Am Besten funktioniert das mit einem Beispiel.

Nehmen wir an, wir wollen das Quadrat von 73 berechnen. Um das Quadrat mit der in der Schule erlernten Methode zu berechnen, müssen wir die 73^2 in $(70+3)^2$ teilen. Sobald das geschehen ist, können wir die Zahlenwerte in die ganz normale und allseits bekannte Formel einsetzen.

$(\mathbf{a} + \underline{\mathbf{b}})^2 = \mathbf{a}^2 + 2\mathbf{a}\underline{\mathbf{b}} + \underline{\mathbf{b}}^2$

$73^2 = (\mathbf{70}+\underline{3})^2 = \mathbf{70}^2 + 2 \times \mathbf{70} \times \underline{3} + \underline{3}^2$

$\qquad = 4900 + 420 + 9 = 5329$

<u>Nun verbessern wir unsere Ausgangsformel:</u>

$(\mathbf{a} + \underline{\mathbf{b}})^2 = \mathbf{a}^2 + 2\mathbf{a}\underline{\mathbf{b}} + \underline{\mathbf{b}}^2$ wird zu

$(\mathbf{a} + \underline{\mathbf{b}})^2 = \mathbf{a} \times (\mathbf{a} + 2\underline{\mathbf{b}}) + \underline{\mathbf{b}}^2$ für unsere Aufgabe bedeutet das:

$(\mathbf{70}+\underline{3})^2 = \mathbf{70} \times (\mathbf{70} + \underline{6}) + \underline{3}^2$

$= 70 \times 76 + 9 = 5320 + 9 = 5329$

Lass uns noch ein paar Beispielaufgaben zusammen machen, um die Formel in deinen Gedanken etwas zu verfestigen.

Um das Quadrat aus 63 zu berechnen, bekommt man 63x63. Um die Berechnung zu vereinfachen und in die Formel einzupassen, ziehst du die <u>3</u> vom linken Faktor bzw. der linken 63 ab um **60** zu erhalten. In dem Moment, wo du die <u>3</u> links abgezogen hast, muss du sie bei dem rechten Faktor wieder hinzufügen. Somit bekommst du also 66 als rechten Faktor. Um die Aufgabe 63² in die Formel einzupassen, müssen wir jetzt nur noch das Quadrat der Zahl bilden, die wir beim linken Faktor abgezogen und beim rechten Faktor hinzugefügt haben – hier also die <u>3</u>.

Somit haben wir nun **60** x 66 + <u>3</u>².

$$63^2 = (\mathbf{63} - \underline{3}) \times (\mathbf{63} + \underline{3}) + \underline{3}^2$$

$$= \mathbf{60} \times (\mathbf{60} + (2 \times \underline{3})) + \underline{3}^2$$

$= \mathbf{60} \times 66 + \underline{3}^2 = 3960 + 9 = 3969$

Lass uns ein letztes Beispiel zusammen machen.

54² oder auch 54 x 54

Du ziehst als erstes die <u>4</u> von der 54 ab und erhältst **50** als den linken Faktor. Die abgezogene <u>4</u> musst du dem rechten Faktor hinzufügen, erhältst somit 58. Nun musst du lediglich noch das Quadrat von 4 bilden. Somit kommen wir zu der Gleichung:

$54^2 =$ **50** x (**50** + 8) + $4^2 = 2900 + 16 = 2916$

Bisher haben wir unseren linken Faktor immer so verändert, dass wir ihn auf die nächst kleinere Zehnerstelle abgerundet haben. Also von 54 auf 50 und von 63 auf 60. Man kann die ganze Berechnung aber auch durchführen, indem man einen Faktor auf die nächst höhere Zehnerstelle aufrundet.

Wir wollen das Quadrat von 66 berechnen. Die Ausgangsformel ist also 66x66. Als erstes runden wir die 66 zur 70 auf – wir addieren also 4 zum **linken Faktor**. Demnach müssen wir bei dem rechten Faktor 4 subtrahieren. Um die Formel dann zu vervollständigen, brauchen wir nur noch das Quadrat von 4 berechnen. Wir haben also nun folgende Formel.

$66^2 =$ **70** x (**70** − 8) + 4^2

$=$ **70** x $62 + 4^2$

$= 4340 + 16 = 4356$

Übungen:

$42^2 =$

$58^2 =$

$37^2 =$

$82^2 =$

ERINNERUNGSTECHNIKEN

Vielleicht hast du nun beim Lösen all dieser Rechenaufgaben gemerkt, dass es gar nicht so einfach ist, sich alle Zahlen und Teilschritte der verschiedenen Rechentricks zu merken.

Zumindest ging es uns anfangs so, dass wir ab einem bestimmten Punkt nicht mehr sicher waren, ob wir uns die richtigen Zahlen in der richtigen Reihenfolge gemerkt haben. Dies ist aber essenziell beim Kopfrechnen. Nichts ist schlimmer als gegen jemanden im Kopfrechnen anzutreten und zu verlieren, weil man sich eine Zahl falsch gemerkt hat und somit ein falsches Ergebnis hat. Da hilft es auch nicht, dass man die Aufgabe durch die Rechentricks theoretisch doppelt so schnell hätte lösen können. Aus diesem Grund haben wir hier eine Erinnerungstechnik für dich, durch die wir uns alle Zahlen und Teilschritte der Rechentricks merken können.

MAJOR-SYSTEM

Das Major-System ist die Grundlage der Erinnerungstechniken, um sich Zahlen zu merken. Es wurde vom Mathematiker Stanislaus Mink erfunden und vom Philosophen und Mathematiker Leibniz weiterentwickelt und genutzt. Bei dieser Methode werden den Zahlen von 0 bis 9 Laute bzw. Konsonanten zugeordnet. Du musst dir diese Zuordnung erst einprägen, bevor du dieses System nutzen kannst. Wenn du es aber einmal verinnerlicht hast, kannst du ohne Probleme jede Zahl umwandeln und sie dir so einfacher merken.

0 = S, Z, ß, SS

1 = T, D, TH

2 = N

3 = M

4 = R

5 = L

6 = CH, J, SCH, G (weich)

7 = K, CK, C (hart), G (hart)

8 = F, V, W, PH

9 = P, B

Es gibt 3 einfache Regeln, die es zu beachten gilt, um dieses System nutzen zu können.

Erstens: Vokale (a, e, i, o, u) können beliebig verwendet werden, weil sie keiner Zahl zugewiesen werden.

Zweitens: Doppelte Konsonanten werden als einzelner Konsonant betrachtet, weil nur der phonetische Wert (Aussprache) gilt und nicht der orthographische (Rechtschreibung). Dementsprechend steht das Wort *AFFe* für die 8 und nicht für die 88.

Drittens: Konsonanten, die in der Liste nicht aufgeführt sind, brauchen nicht beachtet zu werden.

Um das Meiste aus diesem System rauszuholen, musst du eine hohe Geschwindigkeit und absolute Genauigkeit in der Umwandlung entwickeln. Der beste Weg das zu erreichen, ist durch viel Übung! Also lass uns mit der folgenden Zahlensequenz beginnen.

194 693 385 382 411 377 493 275 823 963 592 349 372 001 374 381 172 491 502

Lass uns die ersten drei Zahlengruppen zusammen umwandeln:

194 = T P R (oder D P R, oder D B R etc.)

693 = CH B M (G P M etc.)

385 = M F L (oder M W L etc.)

schnelle & effektive Rechentricks SPECIAL EDITION

jetzt kannst du die restlichen Zahlen umwandeln:

382 = _____

411 = _____

377 = _____

493 = _____

275 = _____

823 = _____

963 = _____

592 = _____

349 = _____

372 = _____

001 = _____

374 = _____

381 = _____

172 = _____

491 = _____

502 = _____

Sobald du diese erste Übung erfolgreich durchgeführt hast, setze dich an den Computer und kreiere eine neue Sequenz aus hundert zufälligen Zahlen. Drucke diese Zahlenreihe aus und schreibe dann über jede Zahl den dazugehörigen Laut, so wie du ihn dir vom Major-System gemerkt hast. Überprüfe dann, ob du alle Zahlen richtig umgewandelt hast und korrigiere wenn nötig. Erlerne auch die Umwandlung in die andere Richtung – also vom Wort zur Zahlenreihe. Dafür kannst du eine Seite der Zeitung nehmen und die Zahlen beispielsweise über die jeweiligen Überschriften schreiben. Übe beide Richtungen der Umwandlung immer wieder, bis du die Umwandlung in nur 1 bis 2 Sekunden pro Zahl oder Laut machen kannst. Um diese Geschwindigkeit zu erreichen, solltest du für ca. 2 Wochen mindestens 30 Minuten jeden Tag üben.

MAJOR-SYSTEM IN AKTION

Wenn du genug geübt hast, kannst du nun die ganze Kraft und Effizienz des Major-Systems zu schätzen lernen. Merke dir die ersten 17 Dezimalstellen von Pi (π) (3.14159265358979323xxxxx)!

Bei der Umwandlung von **14159265358979323** kannst du die folgenden Laute bekommen:

T R T L P N SCH L M L F P CK P M N M

Wandle diese Konsonanten nun in Wörter um, die auch Sinn machen, wie z.B.:

TRoTteL, PuNSCH, LaMa, ELFe, PiCKuP, EMiNeM

Jetzt musst du dir diese Wörter nur noch bildlich vorstellen – und zwar mit so vielen Details wie möglich, damit du sie dir gut einprägst.

Stell dir also einen Trottel vor, oder denke an eine Person in deinem Umkreis, die sich meist trottelig verhält. Dann kannst du dir z.B. vorstellen, wie genau dieser Trottel sich den kompletten heißen Punsch über die Kleidung kippt usw. Denke daran dir alles so detailgetreu wie irgend möglich vorzustellen und kreiere zu jedem der Wörter dein eigenes individuelles Bild.

Da du mit dem Major-System Zahlen in Worte umwandeln kannst, brauchst du dir die 6 Wörter nur durch die bildliche Vorstellung einprägen und hast dir damit die ersten 17 Zahlen von Pi (π) gemerkt. Du kannst zum Üben genau so weiter machen und die nächsten 13 Dezimalstellen von Pi erlernen, so dass du dir am Ende 30 Dezimalstellen einprägen kannst. Allein das Erlernen dieser Zahlen hätte dich ohne Erinnerungstechniken um vieles mehr Zeit gekostet, als mit ihnen.

Um nun mit dieser Methode wirklich effektiv sein zu können, musst du nur noch dein erstes kreiertes Wort mit der Serie an Zahlen, die du dir merken möchtest, verbinden. In unserem Beispiel bedeutet dies, du musst nun Trottel mit Pi in Verbindung bringen. Warum? Stell dir vor, du möchtest dir die Telefonnummer deiner Oma genauso merken, wie die deiner Verlobten. Du willst diese beiden Nummern keinesfalls verwechseln und deiner Oma versehentlich Dinge ins Ohr säuseln, die nur für die Ohren deiner Verlobten bestimmt sind. Deswegen muss das erste Wort, welches du für das Merken einer Zahlenkette kreiert hast in deinem Gedächtnis genau mit der zu merkenden Zahlenkette verlinkt sein. In unserem Beispiel mit Pi könnte die Gedächtnisstütze wie folgt sein: Die Kreiszahl Pi wird oft auch durch den griechischen Buchstaben π dargestellt. Somit kannst du dir zum Beispiel vorstellen, wie du in Griechenland in einer Bar sitzt und deinen Ouzo und die Aussicht genießt, während dem **TRoTteL** am Tisch neben dir gerade die Schüssel Tsatsiki aus der Hand fällt. Die Schüssel klatscht auf dem Fließenboden und der ganze Tsatsiki spritzt in einer großen Fontäne heraus. Die Verbindung zwischen Pi und dem Trottel sollte nun für immer in deiner Erinnerung gespeichert sein.

MAJOR-SYSTEM UND HISTORISCHE DATEN

Mit dem Major-System kann man sich nicht nur komplexe Rechenaufgaben und lange Zahlenketten relativ einfach merken. Du kannst dir damit auch Telefonnummern, oder Daten historischer Bedeutung merken. Wir zeigen dir hier im Folgenden, wie du das Major-System auch in anderen Bereichen als in der Mathematik anwenden kannst.

Lass uns annehmen, du bist z.B. an französischer Geschichte interessiert und möchtest oder musst dir die wichtigsten Daten in Napoleons Leben merken, wie z.B. die folgenden:

1769 Geburt Napoleons

1796 Heirat mit Joséphine de Beauharnais

1804 Kaiserkrönung

1821 Tod Napoleons

Als erstes muss man Erinnerungstechniken immer effizient und schlau einsetzen. Wenn du dir die Daten genauer anschaust, fällt dir sicherlich auf, dass Napoleon vom Ende des 18. Jahrhunderts bis zu Beginn des 19. Jahrhunderts lebte. Somit brauchst du die ersten zwei Zahlen der Jahreszahl nicht in Buchstaben umwandeln. Wenn du dir durch das Major-System merken kannst, dass Napoleons Geburt '69 war und er '21 gestorben ist, dann weißt du auch, dass jede Zahl kleiner als 21 zum Jahr 18xx und jede Zahl größer als 69 zum Jahr 17xx gehören muss. Dementsprechend musst du nun nur die Jahrzehnte in Buchstaben umwandeln.

69 = CH, P = CHiP (aus der Zeichentrickserie Chip und Chap)

96 = B, SCH = BuSCH

04 = Z, R = ZaR

21 = N, T = NahT

Nun stell dir Napoleon als kleines neugeborenes Baby vor. Er ist ein süßer kleiner Junge und rechts neben ihm liegt sein erstes Stofftier Chip (aus der Zeichentrickserie Chip und Chap – Ritter des Rechts).

Somit ist die Verlinkung zu Napoleons Geburt – **CHiP** – **69**

Jetzt stell dir vor, wie Napoleon auf dem Weg zu seiner eigenen Hochzeit in der Kutsche vorfährt. Er steigt direkt vor der Kirche aus und entdeckt hinter dem großen Busch rechts von der Kirche den Liebhaber seiner zukünftigen Frau.

Die Verbindung ist Napoleons Heirat – **BuSCH – 96**

Napoleon krönt sich selbst zum Kaiser und jedes Staatsoberhaupt ist bei der Krönung anwesend. Nur der russische Zar glänzt mit seiner Abwesenheit.

Die Verbindung ist also Kaiserkrönung – **ZaR – 04**

Napoleon geht es am Ende seines Lebens nun stündlich schlechter und schließlich erliegt er seinem fortgeschrittenen Magenkrebs. Noch am Tage seines Todes wird eine Obduktion durchgeführt, um die genaue Todesursache zu klären. Beweis für diese Obduktion ist die große Naht in Form eines Y, die von seinen beiden Schlüsselbeinen schräg zum Brustbein geht und dann gerade bis hinunter zum Schambein reicht. Die Verbindung zu Napoleons Tod ist somit – **NahT – 21**

Die Geschichten haben wir hier nur zu Lehrzwecken aufgeschrieben und um dir einen möglichen Gedankengang zu verdeutlichen. Wenn du dich an die verschiedenen historischen Daten erinnerst, versuche dir nur die jeweiligen Bilder vorzustellen, ohne die gesamte Geschichte nachzuerzählen. Die ersten Übungen zu dieser Methode werden dir sicherlich etwas schwerfallen. Lass einfach deine Vorstellungskraft und Kreativität für dich arbeiten. So wird es bald sehr einfach sein, dir passende Bilder in ein paar Sekunden auszudenken und mit den jeweiligen zu merkenden Daten zu verbinden. Die Macht dieser Methode ist einfach unglaublich! Aber vielleicht erlebst du es auch schon. Sag mal, wann wurde Napoleon geboren? Wann hat er geheiratet?

Mit diesem System kannst du, wenn du gut trainierst, in

weniger als 90 Minuten 100 Daten mit ihren jeweiligen Ereignissen erlernen. Du must vor allem am Anfang konstant üben. Wenn du für die Umwandlung 10 Sekunden anstelle von 2 Sekunden benötigst, dann ist diese Erinnerungstechnik vollkommen nutzlos. Versuche dein Gehirn und deine Erinnerung in jeder Situation zu trainieren. Jedes Mal, wenn du eine Nummer siehst (Nummernschild, Safekombination, Telefonnummer, Geburtstage usw.), oder du sie dir sogar merken sollst, kannst du vor deinem geistigen Auge die Umwandlung in Buchstaben vornehmen und daraus dann Wörter bilden. Nur Übung macht den Meister! Du wirst schnell merken, dass dir diese spezielle Mnemotechnik nicht nur bei historischen Fakten oder Telefonnummern hilft. Auch beim Merken der verschiedenen Zahlen und Teilergebnisse beim Kopfrechnen, ist diese Methode sehr hilfreich. Wenn du diese Methode gut beherrschst, wirst du nie wieder ein Kopfrechenduell dadurch verlieren, dass du dir eine Zahl falsch gemerkt hast und deswegen ein falsches Ergebnis errechnet hast.

NACHWORT

Es ist noch kein Rechenmeister vom Himmel gefallen und deswegen ist es natürlich wichtig zu üben und sich die einzelnen Rechentricks und Methoden immer mal wieder vor Augen zu führen. Am besten ist es, wenn du die Zeit hast, an 2 Tagen der Woche für ein paar Minuten verschiedene Aufgaben und Rechenwege zu üben. Du wirst schnell feststellen, dass sich dein Gehirn an die neuen Aufgaben und die kreative Denkweise anpasst und du Rechnungen immer schneller lösen kannst. Auch die Erinnerungsmethode solltest du oft genug üben, um sie wirklich effizient nutzen zu können.

Wir hoffen, dass du in dem kurzen Buch einige interessante Wege entdeckt hast, um mathematische Aufgaben mal etwas anders zu lösen. Vielleicht hast du ja sogar festgestellt, dass Mathematik nicht langweilig sein muss. Wir würden uns freuen, wenn wir zumindest ein bisschen Neugier bei dir geweckt haben.

Falls dir das Buch gefallen hat, würde es uns sehr helfen, wenn du dir ein paar Minuten Zeit nehmen könntest, um auf Amazon kurz deine Meinung mitzuteilen. Bei weiteren Fragen, Anregungen und Kommentaren freuen wir uns über deine E-Mail an anne.bauer.books@gmail.com oder deine Kontaktaufnahme über meine Webseite:

www.annetopia.wordpress.com.

Wenn du festgestellt hast, dass dich das Thema Erinnerungstechniken auch interessiert und du mehr darüber erfahren möchtest, kannst du unser Buch zu den Mnemotechniken unter dem Namen ‚**schnelles & effektives Gedächtnistraining:** *Anleitung zu einem brillanten Gedächtnis*' bei Amazon finden.

Vielen Dank fürs Lesen!

Anne & Armando

NOTIZEN

NOTIZEN

www.ingramcontent.com/pod-product-compliance
Lightning Source LLC
Chambersburg PA
CBHW051811170526
45167CB00005B/1970